农业生态实用技术丛书

红壤山地
生态果园建设与管理技术

HONGRANG SHANDI SHENGTAI GUOYUAN JIANSHE YU GUANLI JISHU

农业农村部农业生态与资源保护总站　组编

徐国忠　主编

中国农业出版社
北　京

图书在版编目（CIP）数据

红壤山地生态果园建设与管理技术 ／ 徐国忠主编
.—北京：中国农业出版社，2020.5
（农业生态实用技术丛书）
ISBN 978-7-109-24911-0

Ⅰ．①红…　Ⅱ．①徐…　Ⅲ．①红壤-山地土壤-果园管理-研究　Ⅳ．①S660.5

中国版本图书馆CIP数据核字（2018）第265193号

中国农业出版社出版
地址：北京市朝阳区麦子店街18号楼
邮编：100125
责任编辑：张德君　李　晶　司雪飞　文字编辑：史佳丽
版式设计：韩小丽　　责任校对：周丽芳
印刷：北京通州皇家印刷厂
版次：2020年5月第1版
印次：2020年5月北京第1次印刷
发行：新华书店北京发行所
开本：880mm×1230mm　1/32
印张：2.25
字数：45千字
定价：18.00元

本书编写人员

主　　编　徐国忠

副 主 编　王俊宏　应朝阳　陈志彤

参　　编　郑向丽　李春燕　刘用场

　　　　　黄毅斌　翁伯琦

序

中共十八大站在历史和全局的战略高度，把生态文明建设纳入中国特色社会主义事业"五位一体"总体布局，提出了创新、协调、绿色、开放、共享的发展理念。习近平总书记指出："走向生态文明新时代，建设美丽中国，是实现中华民族伟大复兴的中国梦的重要内容。"中共中央、国务院印发的《关于加快推进生态文明建设的意见》和《生态文明体制改革总体方案》，明确提出了要协同推进农业现代化和绿色化。建设生态文明，走绿色发展之路，已经成为现代农业发展的必由之路。

推进农业生态文明建设，是贯彻落实习近平总书记生态文明思想的必然要求。农作物就是绿色生命，农业本身具有"绿色"属性，农业生产过程就是依靠绿色植物的光合固碳功能，把太阳能转化为生物能的绿色过程，现代化的农业必然是生态和谐、资源可持续、环境友好的农业。发展生态农业可以实现粮食安全、资源高效、环境保护协同的可持续发展目标，有效减少温室气体排放，增加碳汇，为美丽中国提供"生态屏障"，为子孙后代留下"绿水青山"。同时，农业生态文明建设也可推进多功能农业的发展，为城市居民提供观光、休闲、体验场所，促进全社会共享农业绿色发展成果。

农业生态文明思想起源于古老的中国，中国自春秋时期就懂得用地养地的道理以及物理杀虫、人工除草等做法。农牧结合、稻田养鱼、桑基鱼塘等农业生态模式在历史上曾经极大推动了文明和经济的发展。当前，我国农业生态文明建设已进入提供更多优质生态产品以满足人民日益增长的优美生态环境需求的攻坚期，也到了有条件、有能力发展环境友好农业的窗口期。多年来，从事农业生态研究的学者和实践者扎根农业生产一线，按"整体、协调、循环、再生"的原则，围绕农业生态文明建设开展了广泛、系统的实践和研究，探索总结出了丰富多样的应用技术。

为推广农业生态技术，推动形成可持续的农业绿色发展模式，从2016年开始，农业农村部农业生态与资源保护总站联合中国农业出版社，组织数十位业内权威专家，从资源节约、污染防治、废弃物循环利用、生态种养、生态景观构建等方面，多角度、多要素、多层次对农业生态实用技术开展梳理、总结和归纳，系统构建了农业生态知识体系，编写形成了《农业生态实用技术丛书》。丛书中的技术实用、文字简洁、步骤详尽、脉络清晰、技术可推广、模式可复制、经验可借鉴，具有很强的指导性和适用性，将为广大农民朋友、农业技术推广人员、管理人员、科研人员开展农业生态文明建设和研究提供很好的参考。

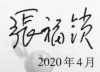

2020年4月

前言

　　在我国，尤其是具有多山特点的地区，发展果业是农民增收、农业增效和社会主义新农村建设的重要途径，优质果品也是最具国际竞争力的优势农产品之一。据联合国粮食及农业组织统计，我国现有果树栽培面积约1.5亿亩*，产量约9 000万吨，面积和产量均居世界第一。但是目前，我国水果生产中由于栽培管理技术落后、施肥不尽合理、用药不太恰当、水土流失加剧等，造成果园立体污染与土壤板结严重，导致果实品质下降，果品农药残留现象突出，果园的生态环境处于亟待改善的关键节点上。因此，探索适合我国国情的生态果园发展模式，对改善果园土壤质量、提高果品质量安全、维持果园生态系统平衡、保障果园生态环境可持续发展和人类的身体健康具有重要的现实意义。

　　生态果园是指同一片果园有良好的物种多样性的生态环境，使果树生长与生态系统和谐统一，是一种适应经济发展、适合我国国情、能够保持果树可持续发展、利于生态环境发展的果园栽培模式。山地生态果园建设是一项复杂完整的系统工程，通过实施水土

保持、生态防治、果园生草等生态农业技术，使果园生态系统内部结构更趋于合理化。

建设山地生态果园，既要保障山地果园开发，又要有效防止水土流失；既要收获优质果业产品，又能实施立体农业开发。如何选择相关技术、怎样优化生产结构，这对山地果业开发来说，无疑是一个重要的科研命题，更是提高农业土地产出率、劳动生产率、资源利用率的关键切入点。红壤山地生态果园建设是以林果为主导，以山地草业为纽带的农、林、牧合理配套的生态经济系统，可有效防止水土流失，增加绿肥用量，少施化肥，培肥地力，提高果实产量与品质。

本书是作者研究团队长期研究结果及有关参考文献的总结，主要介绍红壤山地生态果园概述及基本模式，并用实际案例加以说明，阐述了红壤山地生态果园建设的关键技术，包括生态果园修建、果园病虫害防治、果园生草及牧草利用技术等；并对红壤山地生态果园的经济效益、生态效益及社会效益进行分析。本书可操作性强，可供广大农业技术推广人员、专业户及农民学习使用。

编　者
2019年6月

目录

一、红壤山地生态果园模式

　　我国传统果园在土壤管理上习惯采用清耕法。清耕可使果园土壤疏松，但地表裸露却加剧了水土流失，且破坏天敌昆虫的栖息环境，同时也造成果园光、热、水、气、养分和土壤资源的利用率降低，甚至是严重浪费；生态系统组分简单化，资源配置劣化，有益微生物和天敌种群减少，果园病虫害发生概率上升，果树抵御各种病虫害和自然灾害的能力相对减弱，整个果园生态环境恶化。在相当长的一段时期内，传统果园为了维持一定的产量和经济效益，大量施用化肥，造成土壤养分失调、营养不均衡，使土壤的生产能力日益下降，导致土壤的生态环境恶化。在病虫害的防治上，大量施用剧毒、药效残留期长的化学农药，虽然暂时控制了病虫害，但也杀死了大量的害虫天敌，破坏了果园昆虫、微生物和植物之间的生态平衡，最终导致果园病虫害的大发生，并形成药剂投入增加与病虫害发生严重的恶性循环。随着化肥、农药的大量施用，果园有毒、有害物质增多和富集，不仅导致环境污染，还危害果品的安全生产。随着工业的不断发展，大量废水、废气、固体废弃物产生并侵入果园，日益威胁果树的生长环境，影响果树正常生长发育和果品的安全生产，甚至影响果园的发展。同时，缺乏对山地果园水土保持的重视，果园水土流失严重，土壤被冲刷，土层变薄，有的甚至沙化，地力衰退，生产力下降，果树生产成本增加，经济效益逐年降低，最终导致保障果树可持续生产的环境基础遭到破坏。

成功的实践已表明，生态果园是一个综合效益较好的农林复合生态系统，以生产优质安全果品为出发点，以生态学、系统学等相关学科的理论为指导，按照整体、循环、协调、再生的生态农业原理，把水果生产看作一个完整的生态生产系统。其生产技术措施不仅关注优质水果的生产，还包括系统内动物、植物和微生物等的相互作用和共生关系。利用系统内光、温、水、气、土壤、养分等自然资源，保护系统的稳定性、多样性和持续性，形成多级、多层次生态结构，建立一个投入少、效能高、环境好、可持续的生态果园生产体系，达到生产优质、高效、安全的有机绿色果品的目标。

山地生态果园的基本模式就是在果园套种优质牧草，建立"果-草-牧-菌-沼"等为主要循环体系的生态果园模式。通过牧草种植、草食动物养殖、微生物发酵等要素的合理配置，一方面可以有效防止果园水土流失，增加绿肥，培肥地力，提高果品的产量与品质；另一方面可以利用牧草养殖草食性动物，经处理的草可以用来栽培食用菌或者产生沼气，并由此带动其他相关产业发展。通过这一低投入、高产出的系统组合模式，整个果园就建立了基于自身系统的良性循环和运行机制。同时，也可以形成"果-草-禽-害虫"模式，果树下种植的牧草，可以养鸡等禽类，禽类又可以捕食果园中的害虫，其粪便还可以成为果园的肥料，减少化肥的使用，对土壤改良起到良好作用。据不完全统计，每亩果园放养40～50羽成年鸡，一般能减少害虫带来的损失5％～6％，有利于果树正常生长；同时又能生产出优质的鸡蛋，经济效益明显。果园生草复合生态系统在运行过程中，通过系统内要素、层次、结构和功能等优化配置，通过果树栽培、果树生物学、果园生态学与果树工程技术等的运用，一方面可以提高系统内部能量的利用率或循环利用率，实现系统自身的物质循环、能量转化与生物种群之间的和谐稳定与生态平衡，提高系统生产力；另一方面在外部介入复合系统条件下，系统能够基本实现自身运转的无废弃物循环，实现高效的转化效率。多年的研究表明，果园生草是维持和提高土壤肥力的有效手段，在改善土壤理化特性和生物学特性、维持土壤养分平衡和循环、增加生物多样性、降低病虫害发生概率等方面具有重要的作用。

山地生态果园与传统果园模式的区别见表1。

表1　山地生态果园模式与传统果园模式的区别

项目	生态果园模式	传统果园模式
耕作方式	"果-草-牧-菌-沼"等循环模式	清耕

（续）

项目	生态果园模式	传统果园模式
对果园生态环境的影响	通过牧草种植、草食动物养殖、微生物发酵等要素的合理配置，可以有效防止果园水土流失，改善土壤理化特性和生物学特性，维持土壤养分平衡和循环，增加生物多样性，降低病虫害发生概率，果园生态环境好	清耕使果园土壤疏松，地表裸露加剧了水土流失，且破坏天敌昆虫的栖息环境，有益微生物和天敌种群减少，果园病虫害发生概率上升，果树抵御各种病虫害和自然灾害的能力相对减弱，整个果园生态环境恶化
对果实品质的影响	提高果品的产量与品质	危害果品的安全生产

  20世纪50年代，美国、日本、意大利、波兰、苏联等国家，开始实行果园生草的栽培模式。日本青森县苹果试验场自1931年就开始实施果园生草的栽培措施，1952年后在苹果种植中大力推广应用，现在苹果园生草率已接近100%。波兰几乎全部采用果园生草法，并且有行间、全园两种类型。美国的果园也普遍实行行间生草，而株间、树盘采用喷洒除草剂的方法。可以说，果园生草技术是世界发达国家普遍采用并被成功实践所证明的一项果园管理技术，因为它符合生态农业和现代农业可持续发展的趋势。我国自20世纪80年代开始引入生草制，率先在福建、广东、山东等省份的果园中试验应用，然而由于各个地区气候条件、立地条件等情况有很大的差异，在牧草品种选择和推广利用上缺乏标准化、规范化的技术，许多

农民受大田耕作"除草务尽""与果争肥"等传统理念影响，对果园生草缺乏基本的认识，而未能得到很好的推广应用。

发展山地生态果园，其技术应用和科学管理应强化以下4个关键环节。

（1）推广生草免耕技术。即在果木行间或树盘除外的全园种植牧草等作物作为覆盖，并对果园土壤进行免耕，待草长高后，把草割下后铺垫在树盘，使其腐烂成肥料。这样具有提高土壤有机质含量、防控果园水土流失、调节果园小气候、改善果实着色和品质等作用。以生草免耕技术代替传统深耕法，是果园耕作制度的一大改革。

（2）绿色防治病虫害。生态果园强调推广生物防治、物理防治等绿色防治技术，从严控制化学农药的施用。按照无公害农产品和绿色食品的生产要求，进行标准化生产，严格控制并解决产地环境污染等问题。

（3）注意耕作质量管理。科学地对果树进行修剪整形，形成层次分明、透光通风、立体化结构的丰产树群；制定并实施严格的管理制度，强化有机农产品生产环境、生产技术等管理，强化果品质量安全监管，生产出优质安全的果品。

（4）完善生态保育体系。强化生态果园的产后服务体系建设，围绕促进果业建设和开发，培育生态果品产业经营体系，实现产品增产、产业增值和农民增收。实际上，山地生态果园模式纵有多种，形式各异，但其核心在于技术的优化组合与便捷的设施配置，构建以果业开发为主，实施并营造"果-草-牧-沼-肥"的优化统筹与循环利用的新格局，着力提升山地资源利用率与农业生产产出率。山地果园转型升级的关键在于因地制宜建模式，充满生机创机制；发挥优势成特色，优化结构求实效；同时更要有利于生态保护，农民增收，实现可持续发展。

（一）红壤山地生态果园概述

1.山地生态果园的含义

山地生态果园是指在丘陵山地地区，基于生态学、系统学的理论，通过水、热、土、光、气、养分等地科学利用，动物、植物、微生物等生态结构的合理配置而建立的一种生态合理、能量流动、物质循环、经济高效、环境优美的可持续发展的果园生产系统。就整体而言，它是一个结构完善、功能完备、物质投入少、产品输出多、生物多样性较为丰富的综合生产体系，能够实现自我调节、自我循环以及生态平衡，不需要大量的化肥、农药等物质投入，就可以稳定、持续、高效地输出各种农产品，通过各分系统相互配合、协调共存，使经济效益、社会效益和生态效益等达到和谐统一。山地生态果园具体来说是指在以小流域为单元的综合治理中，因地制宜建设以林果为主导，以山地草业为纽带的农、林、牧、副、渔合理配套的生态经济系统，它既包括工程措施的科学配置，也包括生物措施的优化组合。通过科学治理和对生产要素的合理组装，使一片山地或一个小流域形成立体开发经营、土地综合利用、农林牧业协调发展的经济结构，以获得良好的生态、经济和社会效益。在丘陵山地建设生态果园，其意义在于充分利用自然资源，防控山地水土流失，发挥果园多功能的作用，力求在收获优质果品之时，提高果园生产力与生态力，保障山地综合开发取得经济、社会与生态效益，使之实现可持续发展。

2.山地生态果园的基本特征

山地生态果园主要有以下4个方面的基本特征。

（1）综合性。生态果园注重发挥农业生态系统的整体功能，以发展生态农业为出发点，按"整体、协调、循环、再生"的原则，全面规划、调整和优化农业结构，打破原有单一果业生产的界限，以林果业为龙头，以牧草业为纽带，带动与山区农村经济发展有关行业的发展，并使各行业之间相互支持、相得益彰，提高综合生产能力。

（2）多样性。我国丘陵山地地域辽阔，各地自然条件、资源基础、经济和社会发展水平差异较大，生态果园建设要充分吸收传统农业精华，结合现代科学技术，努力构建以多种生态农业模式和丰富多彩的技术类型组装配套的多功能农业生产体系，力求做到因地制宜，扬长避短，较好地发挥山区优势，使山地综合开发的各产业能依据社会需要与当地实际协调发展。

（3）高效性。山地生态果园是通过物质循环与能量多层次综合利用，以及系列化深加工，来实现效益增值和废弃物资源化应用，提高农业生产效益，降低投资成本，为农村剩余劳动力创造再就业机会，提高农民从事山地开发的积极性。

（4）持续性。建设山地生态果园要注重保护和改善生态条件，防止环境污染，维护生态平衡，提高农产品的安全性。同时，要配套沼气等农村能源业，深入挖掘可再生资源的利用潜力，改良红壤，培肥地力，把环境建设同山地开发紧密结合起来，提高生态系统的稳定性和持续性，促进农业和农村经济的可持续发展。

3.山地生态果园的安全性

生态果园利用果树自身的抗性防治病虫害，或利用天敌资源和病原微生物资源，以虫治虫、以菌治虫、以菌治菌，利用生物源农药、微生物制剂取代化学农药防治果树病虫害；果园施肥以有机肥取代化肥，生产的果品安全、优质、无污染、营养充分，果实品质好，更符合现代消费者的需求。发展生态果园能减少农药在环境中的累积，减少肥料流入河流、湖泊、水库等引起的水体富营养化。发展生态果园可有效地保护自然资源和生态环境，维护子孙后代的利益，具有良好的社会效益。可持续发展是以人类能在地球上继续生存与发展、保持资源的供需平衡和环境的良性循环为目标。生态果园追求果树产业的经济持续性和高效性，是以果树产业的生态持续性和稳定性为基础和前提。没有果树产业的生态持续性和稳定性，就没有果树产业的经济持续性和高效性。果园可持续发展的实质和基本特征就在于生态与经济协调的可持续发展，即生态持续性和经济持续性的高度统一。

每种果树对生长环境和生态因子都有其独特的要求。生态果园的建设必须要根据当地立地条件，因地制宜进行科学规划、合理布局，在最佳生态区建设生态果园；还要根据市场的需求，实施品牌战略，突出当地的名、特、优、新、奇、稀优势品种，形成规模发展，实施集约化管理，确保其产量和品质。生态果园的建立不但要选择优良的品种，还要有良好的土壤条件。根据果园的立地条件，在行间间作矮秆豆科植物或绿肥植物，如三叶草、苕子、沙打旺、紫苜蓿等，能有效防止水土流失，改善土壤结构和营养，调节地温，抑制杂草生长，促进果园生态良性循环和果实丰产。进行改土扩穴、培肥地力，提倡果园覆盖、果园生草的管理模式；避免过多依赖化肥、农药，构建果、牧、草复合经营模式，利用草类与禽畜排泄物改良土壤，提高土壤肥力，培植富足的农业生态资本存量。另外，生态果园坚持以农业和生物防治为重点的病虫害防治策略，综合应用各类有效的农业技术，如生物技术、有害生物综合防治技术、果园径流聚焦技术、配方与精准施肥技术、果品商品化处理技术、果品深加工与贮藏保鲜技术、水资源开发利用技术和果牧相结合等，确保生态果园经济系统稳定、有序、高效和持续地运行、发展。

（二）红壤山地生态果园基本栽培模式

生态果园基本栽培模式就是在果品生产过程中，以土壤自身的肥力为基础，免耕或少耕土壤，利用自然的光能、热能和降水，不用或少用化肥、农药，而是采用天然的有机肥，利用生物、物理方法和农业措施防治病虫害，使果业生态循环回归到自然界原有的相互促进、相互制约、相辅相成的良性循环轨道上，生产出无毒、无害果品的一种栽培方法。

生态果园的主要生产模式有如下3种。

1.以沼气为纽带的生态果园模式

以沼气综合利用为纽带，形成"猪-沼-果""猪-沼-菜""猪-沼-鱼""猪-沼-莲""猪-沼-烟"等多种模式，并带动多种产业发展。

（1）"果-草-牧-菌-沼"模式。福建省农业科学院农业生态研究所研究出丘陵山地生态果园模式，模式的核心内容是在丘陵山地果园以发展果业为龙头，以套种优质牧草为纽带，建立以"果-草-牧-菌-沼"为主要循环体系的生态果园模式(图1)。该模式不仅可以有效防止水土流失，增加绿肥用量，少施化肥，培肥地力，提高果实产量与品质；而且还能利用牧草养殖草食性动物，并由此带动饲料加工等一系列产业发展。畜牧业的发展，其产生的大量排泄物可生产沼气，提供果农家庭生活燃料。沼渣和牧草还能栽培食

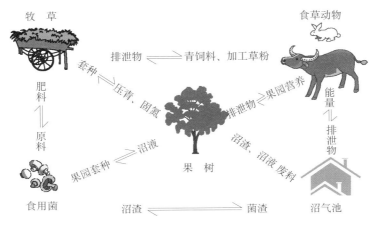

牧 草

食草动物

排泄物 ⟸ 青饲料、加工草粉

套种 ⟹ 压青、固氮

肥料

排泄物 ⟹ 果园营养

能量

原料

排泄物

果园套种 ⟹ 沼液

果 树

沼渣、沼液、废料

食用菌

沼渣 ⟸ 菌渣

沼气池

图1　"果-草-牧-菌-沼"生态果园模式

用菌，以其下脚料作有机肥，有利于果树生长。此外，果园种草，可以改善果园小气候，促进生态平衡，提高资源利用率和劳动生产率。"丘陵山地生态果园模式与红壤综合保育技术示范推广"研究成果获2003年度全国农牧渔业丰收奖二等奖。

（2）"猪-沼-果"模式。"猪-沼-果"模式就是在建立果园时，结合建设猪栏、沼气池等配套设施，将果树生产与生猪养殖、沼气建设有机结合起来；围绕果树主导产业，开展"三沼"（沼气、沼渣、沼液）综合利用，即利用人畜粪便入池发酵，产生沼气。沼气是有机物经厌氧性微生物发酵作用而产生的一种混合气体，主要成分是甲烷，可供照明、做饭。沼液是一种公认的优质廉价、高产高效、无污染、无公害肥料，可作果树的基肥、追肥、叶面肥等，是生产无公害农产品、绿色食品和有机农产品最适合的有机肥料之一。沼肥中大量的有机质、腐殖质可以改善土壤理化性状，提高肥力和地力，以地养地，使土地变成可持续发展的良性循环的"金土地"。施用沼肥，可使果面光滑，果品品质优良，且耐贮藏。果园间作蔬菜等作物，蔬菜用来喂猪，猪粪再入池发酵，循环利用，实现农业资源的高效利用和生态环境的改善。这种生态模式不但解决了果园对农家肥的需求，保持果园高产稳产，而且解决了农村火力电力的紧缺，降低了果园施肥和养猪成本。

（3）"五配套"模式。在果树行间种草、行内覆草，饲料喂畜禽，畜禽粪便入沼池发酵，沼气供照明、做饭、取暖，沼肥返施果园肥地；在果园内或周边低洼地建地下水窖，拦截和贮存地表径流水，除供人、畜用水外，还提供沼气池、配药和果树灌溉用水。该模式以沼气为纽带，以果带牧、以牧促沼、以沼促果、果牧结合，形成良性循环，适合解决干旱地区用水问题，促进农业可持续发展，提高农民收入，具有"一净、二少、三增"的优点，即净化环境，减少投资、减少病虫害，增产、增收、增效。

2.种养复合生态果园模式

（1）"果-草"模式。在果树行间自然长草或播种豆科、禾本科等作物（图2—图5）的土壤管理方法称为生草栽培法，这种栽培模式为"果-草"模式。

图2　果园（枇杷）套种圆叶决明

图3　果园（橘柚）套种圆叶决明

图4　果园（苦柑）套种圆叶决明

图5　果园（龙眼）套种羽叶决明

"果-草"模式是山地果园土壤管理较好、较有效的方法，它不仅能提高果园覆盖率，而且对保护梯田、防止水土流失具有明显作用。果园生草可有效改善果园生态环境，调节地温，提高土壤肥力和蓄水保墒能力；同时有利于天敌数量的增加，减轻虫害和生理性病害的发生，减少农药的施用量。

（2）"果-草-禽"模式。在"果-草"模式基础上，利用果园养殖鸡鸭等家禽，也称"果园种草养禽"模式。即果园生草，园内散养家禽，家禽采食青草、草籽和昆虫，禽粪肥园。果园场地开阔、空气新鲜，有利于家禽的生长发育，疫病少、成活率高。鸡鸭觅食草籽、昆虫、蚂蚁等，可节约饲料，降低成本，提高家禽品质和经济效益，从而起到种养协同发展的效果。

（3）"果-草-鱼"模式。在鱼塘周围种植果树，果园套种可喂鱼的牧草，利用残果或牧草喂鱼，鱼类粪便等有机物的塘泥用作果树肥料。

（4）"果-草-畜"模式。在果园内放养各种经济动物，如猪、兔等，使其以野生取食为主，辅以必要的人工饲养，以生产更优质、安全的农产品。

3. 观光生态果园模式

观光生态果园（图6）是将果园作为观光、旅游资源进行开发的一种绿色产业。以果园及果园周围的自然资源及环境资源为基础，结合果树生产及农家生活，对园区进行规划、景点布置，增添生活和娱乐设施，突出果树"春花秋实"的季相和自然美，营造一个集果品生产、观光体验、休闲旅游、科普示范、娱乐健身于一体的自然风光、人文景观、乡土风情和果品生产相融合的科技生态观光果园。目前，较普及的模式有：一是采果观光型果园，主

图6　观光生态果园（套种平托花生）

要通过对现有果园的适当改造，增添生活和娱乐设施，使果园具有观光休闲、采摘品尝、果品销售功能，最大限度地提高趣味性和游客的参与性。在果园的管理上，尽量施用生物农药和有机肥料，生产出安全、营养、无污染的有机果品，满足游客对有机果品的需求。二是景点观光型果园，可通过农业和旅游规划，按照"一园一色、一地一品"，在不同地域设置观光景点，展示果树"新、奇、特、美"的魅力，给游客带来更好的艺术享受。在建设观光果园的同时，还可配设农家乐等项目，组建设施齐全的综合观光果园，充分提高单位面积的经济效益。

（三）红壤山地生态果园建设案例

1.果园套种牧草用来培肥地力

我国传统的果园土壤管理制度多强调清耕除草，从而导致果园地面裸露，造成不同程度的土壤侵蚀，使土壤有机质及各种养分含量降低，还造成果实色泽减退、糖分下降、味道变淡、质量变差。实践证明，在新开垦或幼龄经济林(果、茶、竹园)套种豆科牧草，不但可以充分利用土地资源，解决种果种草争地的矛盾，而且改善了果园小气候，提高土壤肥力，促进果树生产，提高果园经营综合效益，还可以抑制杂草生长，减少病虫害，降低生产成本。

案例1　红壤山地果园套种圆叶决明对土壤的影响（龙眼园）

（1）套种圆叶决明对果园径流和土壤侵蚀的影响。种植牧草形成覆盖层，不但防止雨水对土壤的直接冲击，而且可吸收部分雨水，防止径流的产生。在4年的观测期里，种植圆叶决明的龙眼果园仅发生38次径流，径流总量62吨/公顷，但没有泥沙流失；而对照果园发生径流178次，径流总量2 482.4吨/公顷，流失泥沙42.06吨/公顷，差异极明显(表2)。

表2　果园套种圆叶决明对地表径流量的影响

项目	处理	第1年		第2年		第3年		第4年	
		次数	径流量(吨/公顷)	次数	径流量(吨/公顷)	次数	径流量(吨/公顷)	次数	径流量(吨/公顷)
径流	种草	0	0	1	3.0	37	59.0	0	0
	对照	28	492.0	43	597.5	59	765.5	48	627.4
土壤侵蚀	种草	0	0	0	0	0	0	0	0
	对照	0	5.29	2	5.79	4	24.29	2	6.69

（2）套种圆叶决明对土壤物理性状的影响。①对土壤容重和孔隙度的影响：牧草覆盖栽培，残根和落叶增加了土壤有机质，使土壤疏松，肥力提高；而未套种处理的表土由于水土流失，造成土壤板结，容重增大、孔隙度降低（表3）。②对土壤含水量的影响：植被覆盖能减少径流，拦蓄雨水于土壤中，从而增加土壤含水量。从表4可见，套种牧草有提高果园土壤含水量的作用，且底层土壤含水量增幅高于表层。

表3　果园套种圆叶决明对土壤容重、孔隙度的影响

土层深度（厘米）	项目	平台种草	平台无草
0～10	土壤容重	0.98	1.05
10～20	（克/厘米^3）	0.97	1.08
0～10	土壤孔隙度（%）	25.76	20.10
10～20		25.70	17.10

表4　果园套种圆叶决明对土壤含水量的影响

土层深度(厘米)	土壤含水量(%)			
	平台种植		顺坡种植	
	种草	对照	种草	对照
0～10	22.0	21.1	23.3	21.2
10～20	23.1	21.9	23.9	23.1
20～30	24.8	23.4	24.9	23.9

（3）套种圆叶决明对土壤养分的影响。果园长期种植圆叶决明后，每年都有大量的枯枝落叶留于土壤中，经微生物分解成腐殖质等与土壤黏粒结合，从而改善了土壤养分状况。套种圆叶决明前后的表层（0～20厘米）土壤养分分析结果表明，果园套种圆叶决明能较好改良土壤，全面提高土壤理化性状。种植圆叶决明3年，土壤各项理化性状均得到较大的改善，尤其是有效磷含量增加了291%，增幅极显著(表5)。

表5 果园套种圆叶决明对表层土壤养分含量的影响

项目	pH	有机质 (克/千克)	阳离子 交换量 (毫 摩 / 千克)	碱解氮 (毫克/千克)	有效磷 (毫克/千克)	速效钾 (毫克/千克)
套种前	5.0	10.2	7.95	47.6	2.3	30.4
套种后	5.5	17.7	9.15	85.4	9.0	95.1
提高 幅度	10.0%	74%	15%	79%	291%	213%

案例2 红壤山地果园套种牧草对土壤的影响（橘柚园）

（1）套种牧草对果园径流和土壤侵蚀的影响。建立标准径流小区对不同牧草覆盖的水土保持效果进行研究，观测结果表明（图7）：套种圆叶决明的果园发生径流次数为0～37次/年，年平均径流次数仅

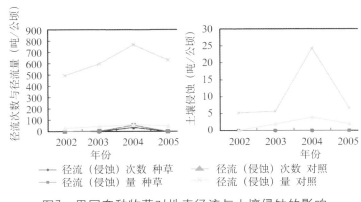

图7 果园套种牧草对地表径流与土壤侵蚀的影响

9.5次；每年径流量为0 ~ 0.26吨/公顷，年平均径流量0.07吨/公顷；没有发生土壤侵蚀。而对照发生径流次数为28 ~ 59次/年，年平均径流次数达44.5次；年径流量为2.19 ~ 3.40吨/公顷，年平均径流量2.76吨/亩；年土壤侵蚀量0.02 ~ 0.12吨/公顷，年平均土壤侵蚀量为0.05吨/公顷，差异极明显。山地果园通过种植圆叶决明形成覆盖层，可有效防止雨水对土壤的直接冲击，促进土壤对雨水的吸收并降低以至防止径流与土壤侵蚀的发生。

（2）套种牧草对土壤含水量的影响。山地开垦后种草既减少径流的发生又增加土壤生物量，增加了土壤有机质，使得土壤变松，从而能增加土壤孔隙度，提高土壤含水量。从表6可以看出，山地果园套种牧草对土壤毛管水、饱和水含量有着明显的改善作用，无论平台开垦还是顺坡开垦，种草处理的土壤含水量均高于无草处理。

表6　不同垦种方式对土壤含水量的影响

单位：%

项目	平台种草	平台无草	顺坡种草	顺坡无草
土壤毛管水含量	38.89	33.73	34.80	32.35
土壤饱和水含量	48.94	37.33	44.72	39.38

（3）套种牧草对果园平台前埂后沟的影响。果园套种圆叶决明、平托花生可有效阻滞雨水对土壤的冲刷，具有良好的水土保持作用。观测结果表明：有牧

草覆盖的幼龄果园，其前埂与后沟不易受雨水冲刷，保护良好；而对照的前埂被冲毁，后沟被填满（表7）。

表7　果园套种牧草对果园平台前埂后沟的影响

观测时间	前埂高（厘米）			后沟深（厘米）		
	对照	套种圆叶决明	套种平托花生	对照	套种圆叶决明	套种平托花生
试验前	10.0	10.0	10.0	10.0	10.0	10.0
1年后	6.0	9.5	8.4	5.9	9.5	8.5
2年后	−2.3	6.9	7.5	−1.5	6.8	6.9
3年后	−25.4	5.4	7.0	−11.0	5.8	6.0

（4）套种牧草对土壤理化性状的影响。果园套种印度豇豆、圆叶决明3年后，土壤有机质和速效养分均有不同程度提高。福建建阳考亭点测试结果表明（表8），套种印度豇豆后的土壤有机质、速效钾、有效磷和碱解氮含量，分别比套种前高5.2克/千克、42毫克/千克、7.01毫克/千克和34毫克/千克。其中，以土壤有效磷增幅最大，土壤全氮含量也有所提高。果园套种圆叶决明前后的表层（0～20厘米）土壤养分化验分析结果表明（表9）：果园套种圆叶决明能较好改良土壤，全面改善土壤理化性状。套种圆叶决明3年，土壤各项理化性状均得到较大的改善，尤其是有效磷含量增加272%，增幅极显著。以上结果表明套种牧草对培肥地力具有明显的作用。

表8　果园套种牧草对土壤养分含量的影响

项目	有机质 (克/千克)	全氮 (克/千克)	碱解氮 (毫克/千克)	有效磷 (毫克/千克)	速效钾 (毫克/千克)	pH
种前	11.1	0.68	53	2.59	59	5.00
套种印度豇豆	15.7	0.84	120	7.01	94	5.56
套种圆叶决明	16.3	0.99	87	9.60	101	5.42

表9　果园套种圆叶决明对表层土壤养分含量的影响

项目	pH	有机质 (%)	阳离子交换量 (毫摩尔/千克)	碱解氮 (毫克/千克)	有效磷 (毫克/千克)	速效钾 (毫克/千克)
种草前	5.1	1.46	8.15	51.8	2.5	33.2
种草后	5.6	2.12	9.25	88.7	9.3	98.6
提高幅度	9.8%	45%	14%	1%	272%	197%

2.果园套种牧草用于畜禽养殖

案例1　不同决明、平托花生等牧草喂养肉兔的效果

（1）以不同山地适生决明牧草替代精料喂兔，结果表明：各品系替代10%精料喂兔平均日增重、料肉比略有差异，但各处理间差异不显著(表10)，其中用CPI34721（福引圆叶决明1号）草粉替代10%精料的平均日增重高于对照13.64%。各供试品系草粉替代10%精料对肉兔平均日增重与饲料报酬无显著影响。

表10 不同决明品系对肉兔增重和饲料利用率的影响

处理	始重 (千克/只)	末重 (千克/只)	增重 (千克/只)	平均日 增重(克)	料肉比
10% ATF2217 (闽引羽叶决明)	1.78	2.35	0.57	19.0	2.63∶1
10% ATF2219 (羽叶决明2219)	1.78	2.35	0.57	19.0	2.95∶1
10% CPI34721 (福引圆叶决明1号)	1.80	2.55	0.75	25.0	2.33∶1
10% CPI92985 (圆叶决明92985)	1.78	2.36	0.58	19.3	3.02∶1
CK (对照)	1.80	2.46	0.66	22.0	2.65∶1

经30天的喂养试验后，对各处理肉样氨基酸分析，结果表明(表11)：除羽叶决明2219外，其他各处理的氨基酸总量与大部分必需氨基酸含量均高于对照，表明这些决明品系具有提高兔肉品质的作用。

表11 不同决明品系对兔肉氨基酸含量的影响

单位：%

处理	氨基酸 总量	赖氨 酸	甲硫(蛋) 氨酸	亮氨 酸	异亮 氨酸	苯丙 氨酸
10% ATF2217 (闽引羽叶决明)	59.893 4	5.338 1	1.837 2	5.500 5	2.780 4	3.169 9
10% ATF2219 (羽叶决明2219)	55.942 2	4.915 5	1.688 3	5.061 9	2.565 6	2.950 2
10% CPI34721 (福引圆叶决明1号)	57.634 4	5.157 0	1.686 4	5.277 5	2.729 7	2.950 8
10% CPI92985 (圆叶决明92985)	57.917 8	5.058 1	1.738 0	5.218 4	2.643 4	2.897 6
CK (对照)	56.827 5	5.081 9	1.790 8	5.216 8	2.577 8	2.838 7

（2）以不同比例的福引圆叶决明1号草粉替代精料饲喂肉兔结果显示：各处理平均日增重、饲料报酬略低于对照，但差异不显著（表12）。

表12　不同比例草粉对肉兔增重和饲料利用率的影响

处理	始重(千克/只)	末重(千克/只)	增重(千克/只)	平均日增重(克)	料肉比
10% CPI34721(福引圆叶决明1号)	1.95	2.52	0.57	19.00	3.30：1
15% CPI34721(福引圆叶决明1号)	1.94	2.47	0.53	17.67	3.55：1
20% CPI34721(福引圆叶决明1号)	1.95	2.53	0.58	19.33	3.24：1
CK（对照）	1.95	2.55	0.60	20.00	3.13：1

经30天饲喂试验后，各处理肉样分析表明：福引圆叶决明替代10％与15％精料可显著提高兔肉的氨基酸总量与各必需氨基酸含量（表13），说明福引圆叶决明具有较明显的改善兔肉品质的作用。

表13　不同比例草粉对兔肉氨基酸含量的影响

单位：%

处理	氨基酸总量	赖氨酸含量	甲硫(蛋)氨酸含量	亮氨酸含量	异亮氨酸含量	苯丙氨酸含量
10% CPI34721(福引圆叶决明1号)	64.697 2	6.197 8	2.042 2	5.877 2	3.238 6	3.042 1
15% CPI34721(福引圆叶决明1号)	64.433 2	6.096 4	2.051 0	5.814 5	3.152 5	3.062 0

（续）

处理	氨基酸总量	赖氨酸含量	甲硫(蛋)氨酸含量	亮氨酸含量	异亮氨酸含量	苯丙氨酸含量
20% CPI34721 (福引圆叶决明1号)	57.242 7	5.272 4	1.721 1	5.093 5	2.751 1	2.748 5
CK (对照)	59.307 4	5.617 5	1.843 9	5.275 5	2.889 9	2.832 1

经济效益分析表明，以草粉替代20%精料效果最好，可提高经济效益5.15% (表15)。

表14 不同比例草粉喂兔效益分析

处理	增重收入			饲料费			收益 (元)
	增重 (千克/只)	单价 (元/千克)	金额 (元)	实际喂料 (千克/只)	单价 (元)	金额 (元)	
10% CPI34721 (福引圆叶决明1号)	0.57	14	7.98	1.88	1.53	2.88	5.10
15% CPI34721 (福引圆叶决明1号)	0.53	14	7.42	1.88	1.46	2.74	4.68
20% CPI34721 (福引圆叶决明1号)	0.58	14	8.12	1.88	1.39	2.61	5.51
CK (对照)	0.60	14	8.40	1.88	1.68	3.16	5.24

（3）以不同山地牧草以及不同比例的平托花生草粉替代精料喂兔，对照为正常日粮。添加不同比例平托花生草粉、鲜草，从料肉比上看，杂交狼尾草、野生杂草饲料利用率最低，分别为3.26 : 1和4.15 : 1，其余各处理间差异均不显著。这说明平托花生草粉

替代10％～30％精料喂兔对肉兔平均日增重及饲料利用率没有显著影响。添加鲜草各处理相比，以平托花生＋南非马唐喂兔料肉比最低，比对照低12％（表15）。

表15　不同处理对肉兔增重和饲料利用率的影响

处 理	始重(千克/只)	末重(千克/只)	增重(千克/只)	平均日增重(克)	平托花生耗料(千克)	料肉比
10%平托花生草粉	1.27	2.24	0.97	22.56	2.44	2.51：1
20%平托花生草粉	1.26	2.16	0.90	20.93	2.44	2.71：1
30%平托花生草粉	1.22	2.10	0.88	20.46	2.44	2.97：1
对照	1.28	2.22	0.94	21.86	2.44	2.61：1
平托花生+南非马唐	1.24	2.30	1.06	24.65	2.44	2.30：1
杂交狼尾草	1.28	2.03	0.75	17.44	2.44	3.26：1
野生杂草	1.28	1.88	0.60	13.72	2.44	4.15：1

从表16和图8可看出，不论是氨基酸总量，还是中性、酸性、碱性和含硫氨基酸，各处理间均无明显差异，说明平托花生草粉替代精料喂养肉兔，对兔肉品质无不良影响。而喂杂交狼尾草的则有较明显的提高。

表16 不同处理对兔肉氨基酸含量的影响

单位：%

项目	氨基酸总量	酸性氨基酸含量	碱性氨基酸含量	中性氨基酸含量	含硫氨基酸含量
10%平托花生草粉	68.91	19.57	13.03	33.71	2.60
20%平托花生草粉	70.98	19.99	13.24	35.10	2.65
30%平托花生草粉	68.52	19.32	12.90	33.69	2.61
对照	70.35	19.89	13.35	34.49	2.62

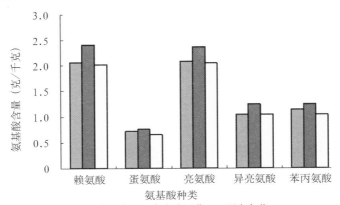

图8 不同处理对兔肉主要氨基酸品质指标的影响

经45天喂养后测算，10%平托花生草粉代料的处理比对照增收0.67元，提高利润7.49%，20%、30%平托花生草粉代料饲养的毛利均不及对照。平托花生+南非马唐处理比对照每只兔增加毛利39.15%，效益显著（表17）。

表17　不同处理喂兔效益分析

处理	增重收入			饲料费			毛利 (元/只)
	增重 (千克)	单价 (元/千克)	金额 (元)	精料 (千克)	单价 (元/千克)	金额 (元)	
10%平托花生草粉	0.97	14	13.58	2.44	1.63	3.97	9.61
20%平托花生草粉	0.90	14	12.60	2.44	1.53	3.73	8.87
30%平托花生草粉	0.88	14	12.32	2.44	1.43	3.49	8.83
对照	0.94	14	13.16	2.44	1.73	4.22	8.94
平托花生+南非马唐	1.06	14	14.84	1.50	1.60	2.40	12.44
杂交狼尾巴	0.75	14	10.50	1.44	1.60	2.30	8.20
野杂草	0.59	14	8.26	1.33	1.60	2.12	6.14

案例2　牧草（羽叶决明）喂养肉牛的效果

以细糠、麦根、花生膜、麻糠等为主要成分调制肉牛配合饲料，以羽叶决明草粉替代10%、20%、30%配合饲料养殖，结果表明(表18)：10%羽叶决明草粉肉牛的平均日增重为1.40千克/头，与对照的1.39千克/头相当，20%、30%羽叶决明草粉不如对照。经济效益分析表明(表19)：10%羽叶决明草粉比对照高10.4%，20%羽叶决明草粉与对照相当。

表18　羽叶决明草粉替代不同比例
配合饲料的养殖效果

项目	日增重(千克/头)			
	10%羽叶决明草粉	20%羽叶决明草粉	30%羽叶决明草粉	对照
重复1	1.32	1.1	1.35	1.30
重复2	1.27	1.15	0.85	1.38
重复3	1.57	1.33	1.48	1.36
重复4	1.43	1.38	0.63	1.52
平均	1.40	1.24	1.08	1.39

注：平均每日每头牛投喂量为4千克。

表19　羽叶决明草粉替代不同比例配合饲料的养殖效益

处理	饲料单价(元/千克)	饲料系数	每千克牛肉养殖成本(元)	每千克牛肉效益(元)	提高(%)
10%羽叶决明草粉	1.21	2.86	3.46	2.34	10.4
20%羽叶决明草粉	1.15	3.22	3.70	2.10	−0.9
30%羽叶决明草粉	1.08	3.70	3.99	1.81	−14.6
对照	1.28	2.88	3.68	2.12	

注：以羽叶决明草粉成本0.62元/千克、牛肉售价5.8元/千克测算。

3.果园套种牧草用于食用菌栽培

圆叶决明、羽叶决明等优质山地牧草氮素含量高，茎秆比例较大，木质素含量高，营养成分丰富（圆叶决明含蛋白质12.52%、脂肪3.69%、纤维33.20%、钙0.71%、磷0.20%），是栽培食用菌的良好潜力原料。研究圆叶决明等山地牧草培养料栽培黄金菇、金顶侧耳、巨大口蘑等珍稀食用菌的技术，可拓展山地牧草的有效利用途径。

案例1 羽叶决明栽培大球盖菇效果

由表20可知，3种混合培养料栽培大球盖菇，其子实体产量以处理Ⅰ(羽叶决明+沼渣)最高，平均产量达1.98千克/箱，生物学效率达79.2%；其次是处理Ⅱ(稻草+沼渣)，平均产量为1.76千克/箱，生物学效率为70.5%；而处理Ⅲ(稻草+木屑)平均产量为1.53千克/箱，生物学效率仅为61.2%。对3种混合培养料栽培大球盖菇产量进行LSD测验表明，羽叶决明+沼渣与稻草+沼渣混合培养料处理间差异性不显著，但均与稻草+木屑混合培养料处理差异极显著。

表20 不同培养料对大球盖菇子实体产量的影响

处理	子实体产量(千克/箱)						生物学效率(%)
	1	2	3	4	合计	平均值	
Ⅰ	2.40	2.15	1.85	1.50	7.90	1.98aA	79.2
Ⅱ (CK$_Ⅰ$)	1.65	2.05	1.85	1.50	7.05	1.76aA	70.5
Ⅲ (CK$_Ⅱ$)	1.45	1.65	1.60	1.40	6.10	1.53bB	61.2

注：不同小写字母表示两者间差异显著；不同大写字母表示两者间差异极显著。

采用不同培养料栽培大球盖菇，其子实体氨基酸总量有较大差异（表21）。供试3种培养料栽培大球盖菇子实体氨基酸总量为131.687～308.634毫克/克，其中以处理Ⅰ(羽叶决明＋沼渣)大球盖菇子实体氨基酸总量最高，其次为处理Ⅱ(稻草＋沼渣)，处理Ⅲ(稻草＋木屑)大球盖菇子实体氨基酸总量仅为131.687毫克/克。大球盖菇子实体氨基酸总量处理Ⅰ比处理Ⅱ和处理Ⅲ分别提高32.02％和134.37％，表明以稻草为主原料栽培大球盖菇，其菇体氨基酸总量低于以豆科牧草羽叶决明为主原料的处理，这与豆科牧草氮养分高于稻草有关。

表21　不同培养料对大球盖菇子实体氨基酸含量的影响

氨基酸名称		各处理子实体氨基酸含量(毫克/克)		比CK$_I$增减(%)	比CK$_{II}$增减(%)
	I	Ⅱ(CK$_I$)	Ⅲ(CK$_{II}$)		
必需氨基酸	苏氨酸	17.403	12.024	8.574	44.736	102.974
	缬氨酸	20.973	14.665	10.845	43.014	93.389
	蛋氨酸	3.294	2.518	1.783	30.818	84.745
	异亮氨酸	17.293	11.659	8.354	48.323	107.003
	亮氨酸	26.616	18.128	12.920	46.823	106.006
	苯丙氨酸	15.406	10.825	8.053	42.319	91.308
	赖氨酸	17.974	11.843	8.634	51.769	108.177
	小计	118.959	81.662	59.163	45.672	101.070

（续）

氨基酸名称		各处理子实体氨基酸含量(毫克/克)			比CK$_I$增减(%)	比CK$_{II}$增减(%)
		I	II(CK$_I$)	III(CK$_{II}$)		
支链氨基酸	缬氨酸	20.973	14.665	10.845	43.014	93.389
支链氨基酸	异亮氨酸	17.293	11.659	8.354	48.323	107.003
	亮氨酸	26.616	18.128	12.920	46.823	106.006
	小计	64.882	44.452	32.119	45.960	102.005
儿童氨基酸	组氨酸	6.971	4.426	3.274	57.501	112.920
	精氨酸	11.558	7.789	5.430	48.389	112.855
	小计	18.529	12.215	8.704	51.691	112.879
含硫氨基酸	蛋氨酸	3.294	2.518	1.783	30.818	84.745
	胱氨酸	5.384	4.754	3.178	13.252	69.415
	小计	8.678	7.272	4.961	19.334	74.924
鲜味氨基酸	天冬氨酸	33.980	22.458	15.293	51.305	122.193
	谷氨酸	62.370	36.835	7.876	69.323	691.899
	小计	96.350	59.293	23.169	62.498	315.857
甜味氨基酸	丝氨酸	14.095	9.695	6.742	45.384	109.063
	脯氨酸	2.112	3.211	3.022	−34.226	−30.113
	甘氨酸	18.302	13.260	9.792	38.024	86.908
	丙氨酸	31.447	23.682	16.182	32.789	94.333
	小计	65.956	49.848	35.738	32.314	84.554
芳香族氨基酸	酪氨酸	3.456	25.998	1.735	−86.707	99.193
	苯丙氨酸	15.406	10.825	8.053	42.279	91.308
	小计	18.862	36.823	9.788	−48.781	92.705
	合计	308.634	233.770	131.687	32.025	134.369

采用不同培养料栽培大球盖菇其子实体中各类氨基酸含量有较大差异。3种处理大球盖菇子实体必需氨基酸含量为59.163～118.959毫克/克，以处理Ⅰ(羽叶决明+沼渣)子实体必需氨基酸含量为最高，比处理Ⅱ和处理Ⅲ分别提高45.67%和101.07%。其中，异亮氨酸、赖氨酸增幅较大，分别比处理Ⅱ和处理Ⅲ提高48.32%和107.00%、51.77%和108.18%，支链氨基酸分别提高45.96%和102.01%，含硫氨基酸分别提高19.33%和74.92%，儿童氨基酸分别提高51.69%和112.88%，鲜味氨基酸分别提高62.50%和315.86%，甜味氨基酸分别提高32.31%和84.55%。大球盖菇子实体芳香族氨基酸总量处理Ⅰ比处理Ⅱ减少48.78%，有利于提高菇类品质。

不同培养料栽培大球盖菇其子实体17种氨基酸含量也有较大差异。3种处理大球盖菇子实体氨基酸组成均以谷氨酸、天门冬氨酸(2种鲜味氨基酸)和缬氨酸、亮氨酸(2种人体必需的支链氨基酸)为最高，而蛋氨酸最低。此外，羽叶决明+沼渣培养料栽培大球盖菇，其子实体15种氨基酸(除脯氨酸和酪氨酸外)含量均高于其他2种处理。不同培养料栽培大球盖菇其子实体各氨基酸含量增幅也不同。羽叶决明+沼渣培养料栽培大球盖菇比稻草+木屑培养料栽培子实体9种氨基酸含量增幅较显著，天门冬氨酸、苏氨酸、丝氨酸、谷氨酸、异亮氨酸、亮氨酸、赖氨酸、组氨酸与精氨酸含量分别提高

122.19%、102.97%、109.06%、619.90%、107.00%、106.00%、108.18%、112.92%和112.86%。表明以豆科牧草羽叶决明为主原料栽培大球盖菇，其子实体可大幅度提高部分氨基酸含量，有利于改良菇类品质。

不同培养料栽培大球盖菇子实体营养评价研究表明，以豆科牧草羽叶决明为主原料栽培大球盖菇，其子实体氨基酸评分(AAS)为61分，分别比处理Ⅱ(稻草+沼渣)和处理Ⅲ(稻草+木屑)提高2个和8个分值。其中，使用沼渣的处理Ⅰ和处理Ⅱ氨基酸评分值无显著差异，但与添加木屑的处理Ⅲ相比则差异显著。对子实体氨基酸比值系数而言，处理Ⅰ(78.9)和处理Ⅱ(76.1)优于处理Ⅲ(70.4)，前两者间无显著差异，但均与处理Ⅲ间差异显著。表明以豆科牧草羽叶决明为主原料栽培大球盖菇，其子实体营养优于稻草栽培处理，且菇体品质改良效果以添加沼渣处理优于添加木屑处理。

案例2　福引圆叶决明栽培巨大口蘑效果

以添加不同比例福引圆叶决明替代棉籽壳栽培巨大口蘑，结果表明，所有添加福引圆叶决明处理的巨大口蘑产量都与未添加的达极显著水平，说明在传统栽培配方中添加圆叶决明替代棉籽壳对提高巨大口蘑产量有极显著的作用。其中，以添加50%增产效果最好，其次以添加20%～40%为好，而添加10%和60%的增产幅度最低（表22）。

表22 不同福引圆叶决明用量对巨大口蘑产量的影响

圆叶决明用量（%）	巨大口蘑产量（克/袋）				平均
	重复1	重复2	重复3	重复4	
0	100	121	109	130	115.0eE
10	135	143	152	157	146.8dD
20	160	153	163	150	156.5cdBCD
30	160	170	183	159	168.0bcABC
40	165	171	161	185	170.5abAB
50	170	190	184	185	182.3aA
60	149	154	147	159	152.3dCD

注：不同小写字母表示两者间差异显著；不同大写字母表示两者间差异极显著。

对福引圆叶决明用量与巨大口蘑产量进行回归分析，结果表明：巨大口蘑产量与圆叶决明用量间呈二次多项式的回归关系（图9），表达式为y=115.9583 +

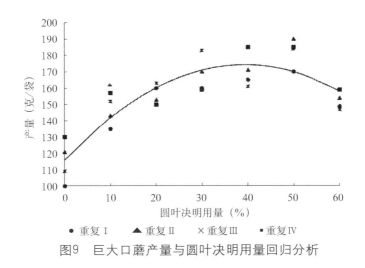

图9 巨大口蘑产量与圆叶决明用量回归分析

$2.965x - 0.037\,708x^2$。该方程式的判定系数 R^2 为 $0.912\,5$，F 值为 20.85，P 值为 $0.007\,66$，达极显著水平。

测定巨大口蘑 17 种氨基酸含量（表23），并对圆叶决明用量与巨大口蘑氨基酸总量进行回归分析，结果表明：巨大口蘑氨基酸总量随圆叶决明用量的增加而增加，两个变量之间呈直线相关关系，表达式为 $y=22.549\,8+0.057\,1x$。该方程式的判定系数 R^2 为 $0.958\,9$，F 值为 116.687，P 值为 $0.000\,1$，达极显著水平。可见，与产量不同，圆叶决明添加量越多，巨大口蘑的氨基酸总量呈现逐步升高的趋势。

表23　不同福引圆叶决明用量对巨大口蘑氨基酸含量的影响

氨基酸名称	每100克巨大口蘑(鲜重)氨基酸含量（克）						
	0	10%	20%	30%	40%	50%	60%
天门冬氨酸	2.281 7	2.320 9	2.310 2	2.293 8	2.307 0	2.456 1	2.461 0
苏氨酸	1.056 6	1.080 8	1.096 1	1.191 0	1.202 3	1.215 5	1.219 9
丝氨酸	1.106 3	1.047 3	1.207 3	1.210 1	1.301 2	1.302 2	1.305 6
谷氨酸	4.715 6	4.894 6	4.647 3	4.788 6	4.715 8	4.733 1	4.788 6
脯氨酸	0.422 1	0.409 6	0.468 5	0.489 7	0.493 2	0.506 8	0.508 8
甘氨酸	0.971 3	0.935 4	0.983 6	1.054 6	1.072 8	1.085 6	1.086 6
丙氨酸	1.875 8	1.870 8	1.734 7	1.893 0	1.888 6	1.893 6	1.899 9
胱氨酸	0.258 9	0.262 2	0.278 5	0.277 6	0.282 5	0.332 3	0.333 3
缬氨酸	1.109 4	1.102 4	1.228 9	1.296 4	1.290 1	1.268 5	1.261 8
蛋氨酸	1.529 9	1.532 4	1.905 6	1.127 3	2.258 5	2.313 4	2.320 1

（续）

氨基酸名称	每100克巨大口蘑(鲜重)氨基酸含量（克）						
	0	10%	20%	30%	40%	50%	60%
异亮氨酸	1.044 8	1.073 1	1.160 2	1.227 3	1.248 5	1.250 1	1.253 3
亮氨酸	1.616 5	1.749 5	1.717 1	1.840 9	1.841 9	1.854 4	1.856 9
酪氨酸	0.626 1	0.644 5	0.562 9	0.693 5	0.625 1	0.632 2	0.651 4
苯丙氨酸	1.117 2	0.969 4	1.251 8	1.334 8	1.320 8	1.333 6	1.286 1
赖氨酸	1.398 1	1.411 5	1.514 5	1.643 9	1.608 0	1.616 3	1.632 1
组氨酸	0.443 1	0.442 4	0.500 7	0.549 7	0.550 8	0.567 4	0.528 3
精氨酸	1.073 3	1.146 2	1.109 3	1.222 4	1.232 2	1.246 6	1.253 3
氨基酸总量	22.646 7	22.893 0	23.677 2	24.134 6	25.239 3	25.607 7	25.647 0

注：表中0、10%、20%、30%、40%、50%、60%表示福引圆叶决明用量。

二、红壤山地生态果园建设关键技术

生态果园修筑水平梯田或鱼鳞坑，雨季时水土流失强度可降低至轻度以下，也减少了对流域水资源的污染；沼肥的利用，能够培肥土壤，增加土壤有机质含量；结合生物防治、物理防治，降低农药残留，提高果品质量；实施果园生草覆盖技术，除可防止表土冲刷和养分淋失、减少水分蒸发外，还能诱引和藏匿害虫的天敌，有利于生物防治害虫。生态果园模式是现代农业大力提倡和推广的将种植业与养殖业结合起来的一种生态型农业模式，它充分利用了各环节中的资源，并使各环节形成一个循环体系，对资源进行最大程度整合利用，在保护生态环境与改善生产条件的同时，又能提高农业资源利用率和综合生产能力，最大限度地获取经济效益，是一个能促进农村产业结构调整，增加农民收入的模式，是一个低能耗、低投入、低污染、高产出的组合，符合农业可持续发展的要求。

（一）红壤山地生态果园修建技术

1.修筑等高水平梯田或鱼鳞坑

水土保持是指对自然因素和人为活动造成水土流失所采取的预防和治理措施。水土保持的对象不只是土地资源，还包括水资源。水土流失会造成土壤质地恶化、表层土粒减少、水分和养分下降，施肥和灌溉效果短暂，植株根系的生长受到抑制及产量下降等。山地开垦过程中，由于原始植被被破坏，表层土壤被扰动，自然生态系统发生了破坏与重组，极易造成严重的水土流失。因此，在建园时，必须加强水土保持工程建设，坚持高标准、高质量建园。山地水土保持关键技术有修筑等高水平梯田或鱼鳞坑，是将坡地改成台阶式平地，使坡地的坡度消失，减少种植面的坡度，可有效降低地表径流量和流速，实现水不出田、土不下坡，从而有效控制水土流失，起到保水、保土、保肥的作用。

（1）选定基点，测等高线。在大致垂直于水平线的方向，沿山坡自上而下定基线，按梯田宽度在基线上测等高点，并把每条基线上的等高点连成等高线。从有利于水土保持角度入手，梯面的宽度根据山地坡度大小而定，坡度大的，梯面窄些；坡度小的，梯面可宽些。梯面有水平式、内斜式等，不论内斜式或外斜式，梯面坡度都不能超过5°。在暴雨、多雨地区，宜修成内斜式梯面，以利于保持水土。

（2）内挖外填，逐级修梯。梯田沿等高线开垦，从上到下逐层修筑，一般由梯壁、梯面、梯埂和竹节沟4个部分组成。梯壁一般用泥土、草皮或石块筑成，梯壁的斜度取决于土壤质地，通常黏性土斜度可小，沙性土斜度宜大。梯壁高度不超过2米。梯面宽度要根据坡度和所栽植株行距设计，坡度小，梯面应宽些；相反，梯面则应窄些。梯面外高内低（即向内倾斜），便于贮水。梯面外缘砌宽、高各20厘米的梯埂，梯面内侧开挖深、宽各30厘米，长约120厘米的竹节沟。这样的梯田可做到小雨不出畦、中雨不出沟、大雨不成流。

（3）鱼鳞坑修筑。鱼鳞坑是一个圆形或月牙形小台面，适于坡度较陡（坡度＞25°）、地形复杂不易修梯田的生态果园。其布置的方向与山坡水流方向垂直，坑应修在同一水平线上；同时上下坑应交叉排列，以便排水均匀，上坑内溢下的水能由下坑承受。坑与坑的距离根据果树品种的株行距来确定。鱼鳞坑挖出的表土和心土应分开放置，心土堆在下缘筑成月牙形的土埂。

2.猪舍、沼气池建设

果园猪舍最好依附山地台阶或其他建筑，高于沼气池并与其相配套，使粪尿自动入池。沼气池是生态果园系统的核心，是生产沼气的重要设施，其主要是为果园提供肥料，要做到设计合理、结构简单、施工方便、坚固耐用、不漏水、不漏气。沼气池一般按4.95亩果园：6头猪：6米^{3}沼气池的比例修建。据报道，6头肥猪集约养殖，其粪便常年产沼气，可供

4口之家全年照明、做饭；每年生产优质沼肥10吨，基本满足4.95亩果园肥料需要量。沼肥中有多种营养元素，肥力高、肥效长，可作基肥、根外追肥。沼渣大部分为迟效肥，可作基肥用。沼液为速效肥，不能直接施用，应兑水后再淋施或喷施；沼液分易挥发，一般随施随用、随施随盖土，以提高肥效。沼气池建成投料产气后，如何能够保持正常运行，管理是至关重要的，三分建池、七分管理是沼气池高效利用的宝贵经验。此外，要注意经常进料与出料，经常搅动沼气池内的发酵原料，沼气池内发酵原料浓度要适宜。

3.果园改造

从果改、草改的技术实施入手，在传统的等高水平梯田的基础上，采取园面、梯埂、梯壁、路面种草覆盖技术。园面以套种圆叶决明、平托花生等豆科牧草品种为主，肥力较高的果园可适当搭配禾本科牧草；梯埂则选用南非马唐、百喜草为主；梯壁采用当地自然植被修剪方式做成，或人工种植百喜草、圆叶决明形成覆盖；路面选用耐旱、耐踏的百喜草或宽叶雀稗绿化。在原有工程措施基础上，以这种全园套种牧草生物措施加以改造，能有效防止水土流失。

4.土壤改良

从土改、肥改角度切入，连续施用牧草、沼渣、菌渣改良山地果园红壤效果十分明显。利用牧草发酵产生沼气以及合理添加草粉、沼渣替代部分木屑栽培食用菌是促进山地生态果园建设的一项重要措施，尤其是牧草的多层次利用，不仅能体现果园套种牧草的经济效益，而且还能发挥其生态效益。该模式注重大量的沼渣、菌渣的改土效果，以求促进物质良性循环体系的建立，探索一条山地生态果园牧草综合利用以及用地与养地结合的途径，使果园的经济效益与生态效益得以提高。

（二）红壤山地生态果园病虫害防治技术

1.农业防治技术

（1）加强土水肥管理，强壮树势。果树植株长势与病虫害危害程度有着密切关系。果树长势过弱，树体抗性差，易患病害，也不耐虫害；果树生长过旺，容易造成枝条徒长、树冠郁闭、结果减少，有利于病虫害的发生。广西地区土壤以山地红壤为主，一般比较瘦瘠，土质差，水利条件差，水土流失严重。因此，建设生态果园的重点工作之一就是改良土壤，引根深生，增强树势，提高植株抗病虫能力。生态果园施用的肥料主要有沼渣、沼液、栏肥、菜麸、草木灰、鸡粪、生物菌肥、生物磷肥和生物钾肥等。果园增施有机肥，能提高土壤有机质，特别是土壤腐殖质的含量，使其更具保肥保水性，提高缓冲性能，满足果树生长发育的需要。

（2）合理修剪，改善条件。修剪是果树生产中一项重要的管理技术，也是防治病虫害的有效措施。冬季结合修剪清园，剪除并烧毁病虫枝，可消灭大量的病原菌，能显著减少病虫害的发生。

（3）果实套袋，树体涂白。果实套袋可以改善果实外观，使果面光洁美丽，着色均匀，同时可以减少农药残留、机械损伤和病虫害。对树干和主枝涂白，可消灭树干和树缝中的越冬害虫。

2.生物防治技术

生物防治就是保护并利用有益生物消灭有害生物。适当生草或种植绿肥，营造天敌生存环境，增加天敌数量，降低害虫虫口密度，如释放捕食螨能有效防治红蜘蛛和其他螨类。生物防治方法具有控制虫害效果持久、用法灵活、经济安全、不污染环境等优点。

3.物理防治技术

利用害虫趋光、波、色、味的特性，如在果园推广使用频振式诱虫灯诱杀夜蛾类和趋光性害虫，诱蝇器诱杀果蝇，黄板防治蝇类、蚜虫和粉虱类害虫等，减少病虫害，提高果实的商品性。

物理防治有三大优点：一是杀虫谱广，杀虫量大，害虫不会产生抗药性；二是伤害天敌少，控害保益效果显著；三是成本低，对环境无污染，对人畜安全无毒，不会带来农药残留问题。

4.生态防治技术

果园病虫害生态防治是今后发展的方向，它是以农业防治为基础，因地制宜利用生物防治、物理防治等综合技术措施，经济、安全、有效地控制病虫害，从而达到提高果实品质、保护生态环境的目的。

（三）红壤山地生态果园生草技术

1. 生草覆盖

改变传统清耕法，山地果园推广生草、免耕、覆盖等技术，可以减缓水势，防止表土冲刷和养分淋失，保水保土保肥；可以减少土壤水分蒸发，调节土壤温度湿度，保持果园良好的生态环境。等高水平梯田的梯壁和鱼鳞坑的土埂必须配置植被，忌清耕，最好周年让其自然长草，草长至一定高度时只割不铲。割草时间由草的高度来定，一般草长至30厘米以上刈割，割下的杂草覆盖树盘。梯面和鱼鳞坑台面可以覆盖杂草，也可让其自然长草。覆盖可根据实际情况选用不同植被，如稻草、杂草、秸秆等，在树盘或全园覆盖，厚度15厘米。山地生态果园宜全园覆盖。果园生草覆盖后，形成一个相对比较稳定的复合系统，果园的温度湿度变化平稳，有利于病虫滋生，给病虫害防治带来一定难度；但同时也有利于天敌的存活和增殖，为开展利用天敌进行综合防治提供了便利条件。

2. 套种牧草

生态果园套种牧草时，要注意品种间搭配，搭配方法为豆科与禾本科搭配、热带与温带种搭配，这样可以达到营养平衡和周年供草(表24)。

表24　生态果园套种牧草的周年品种搭配

果园部位	种类	适宜生长季节	
		冬　春	夏　秋
园面	豆科	白三叶、罗顿豆、平托花生	圆叶决明、羽叶决明、柱花草、印度豇豆
	非豆科	黑麦草、鲁梅克斯、鸡脚草	南非马唐
梯埂	豆科	平托花生	圆叶决明
	非豆科	南非马唐	
梯壁	豆科	平托花生、白三叶	圆叶决明
	非豆科	鸡脚草	百喜草

一般豆科牧草种于果园园面树冠滴水线之外，禾本科牧草种于果园的梯埂或两株果树的中线范围内(图10、图11)。

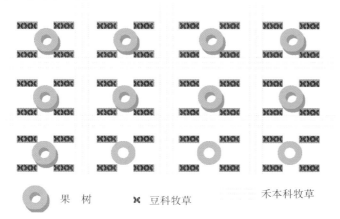

果　树　　　　豆科牧草　　　　禾本科牧草

图10　生态果园套种牧草平面示意

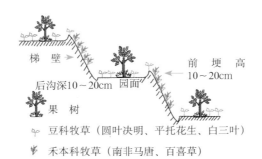

梯 壁

后沟深10～20cm 园面

果 树

前 埂 高
10～20cm

☘ 豆科牧草（圆叶决明、平托花生、白三叶）

🌿 禾本科牧草（南非马唐、百喜草）

图11　生态果园套种牧草剖面示意

　　果园园面套种圆叶决明、平托花生、白三叶等豆科牧草，肥力较高的果园可适当搭配禾本科牧草。梯壁采用当地自然植被修剪方式做成，或人工种植百喜草、圆叶决明形成覆盖。路面选用耐旱、耐踏的百喜草。因此，适宜红壤生态果园套种的主要牧草品种见表25。

表25　适宜红壤生态果园套种的牧草品种及其特性

种名	科别	主要性状	适宜栽种季节	每亩播种量	种植方式
圆叶决明	豆科	多年生半直立型，高30～50厘米，喜高温，极耐旱；年产量30～45吨/公顷	春(4—6月)	0.5～0.8千克种子	穴播、条播、撒播均可
羽叶决明	豆科	多年生直立型，羽叶复叶，高1.0～1.5米，抗病虫、耐瘠、耐旱，可自然越冬；年产量30～45吨/公顷	春(4—5月)	0.50～0.75千克种子	穴播、条播、撒播均可
平托花生	豆科	多年生匍匐型，节节生根，草层高30厘米，形成地毯式覆盖，耐高温，较耐瘠、耐高铝；适口性好，年产量45吨/公顷	春、秋	6 000种茎	穴播，株行距为30厘米×30厘米

（续）

种名	科别	主要性状	适宜栽种季节	每亩播种量	种植方式
南非马唐	禾本科	多年生热带种，茎直立，草层高100厘米，分蘖力强，形成草篱，对土壤条件要求不严，耐瘠；适口性好，单种年产量75吨/公顷	春、秋	6 000株苗（分蘖移栽）	穴播，作护埂草株距30～50厘米，作放牧用草30厘米×30厘米
百喜草	禾本科	多年生热带种，茎葡匐，每节触土生根，分蘖力强，易形成草被，抗逆性略差于南非马唐；适口性中等，单种年产量45～60吨/公顷	春、秋	每亩用种子1.0～1.5千克或种茎3 000株	穴播，株行距为20～30厘米
印度豇豆	豆科	一年生热带种，半葡匐型，蔓长2～3米，适应性广，耐酸、耐瘠；适口性中等，年产量7.5吨/公顷以上	春（3—5月）	1.5～2.0千克种子	点播，穴行距为30厘米×30厘米，每穴2～3粒
白三叶	豆科	多年生多级葡匐茎，草层高30～45厘米，喜暖、湿气候，夏季地上部枯萎，对肥力要求较高，较耐阴；适口性极好，年产量60～75吨/公顷	秋	0.25千克种子	株行距20～30厘米
柱花草	豆科	一年生热带种，直立型，高80厘米，适应性广，耐旱、耐瘠；适口性极好，年产量3.0～4.5吨/公顷	春	0.50～0.75千克种子	穴播、条播、撒播均可
罗顿豆	豆科	多年生温带种，葡匐型，草层高40厘米，耐酸、耐瘠；适口性较好，年产量30～45吨/公顷	春（4月初）	0.08～0.14千克种子	可撒播，播后不应盖土，但最好用稻草或地膜覆盖

（续）

种名	科别	主要性状	适宜栽种季节	每亩播种量	种植方式
黑麦草	禾本科	冬春饲料作物，一年生直立温带种，高80～100厘米，喜水肥条件好的环境；适口性好，年产量50～75吨/公顷	秋	1千克种子	可条播或撒播，条播行距15～30厘米
杂交狼尾草和象草	禾本科	周年饲料作物，多年生直立型热带种，高2～4米，要求水肥条件好的果园边角地；适口性好，年产量70～100吨/公顷	4—10月	3 000～4 000种茎	繁殖时将带节的茎一节切成一段，将有节的部分插入土中1～2厘米，密度为20×60厘米

（四）红壤山地生态果园牧草利用技术

1.牧草作为绿肥的利用技术

（1）整地。于3月对原开垦好的果园畦面、梯壁（含田埂）上的杂草进行清除，对拟种植牧草的地块做适当的整理、挖穴等。

（2）品种选择。选择耐旱耐瘠、生长迅速、不与果树争水争肥、没有与果树同样的病虫害、具有护坡固土能力、鲜草产量高的品种，如香根草、宽叶雀稗、百喜草、爬地兰、圆叶决明、小叶猪屎豆、杂交狼尾草、象草等。

（3）种植。梯壁宜种植生长迅速且护坡固土能力强的牧草，果园畦面宜套种一年生或多年生牧草。

①梯壁（含梯埂）。草篱是果园水土保持的关键，将筛选出的香根草、杂交狼尾草、象草、宽叶雀稗等牧草与当地现有的优质牧草合理搭配，套种在果园的梯壁（含梯埂）上，以防止水土流失。如香根草于3月上旬至中旬移栽，采用三角形法栽植，株行距15厘米×20厘米，穴植2～3株，种植时种苗地上部留15厘米最为合适。为保证果园梯壁（含梯埂）的水土保持效果，可在宽叶雀稗中撒播百喜草，每平方米播种量1克。

②畦面（距树干中心1米外）。可套种爬地兰、圆叶决明、小叶猪屎豆等绿肥，防止水土流失。圆叶决明、小叶猪屎豆均可于3—4月播种，采用穴播，株行距30厘米×50厘米，每穴播4～6粒种子；也可撒播，每平方米播种量2～3克。

（4）管理。以上所筛选的用于果园套种的牧草均较耐瘠，适应性强，管理可粗放。套种的牧草在栽植或播种前可施适量复合肥，用有机肥作盖种肥，对梯壁上的禾本科牧草可根据长势施适量尿素。

（5）刈割。牧草株高约1米时刈割，每年3～4次。扩穴压青：在果园内的树冠滴水线边缘挖深50厘米、宽40厘米的对应条沟，株施50千克绿肥、0.5千克过磷酸钙和石灰，并与表土分层填入，以后每年轮换进行。

2.牧草用来栽培食用菌的利用技术

（1）整地。于3月对原开垦好的果园畦面、梯壁

(含田埂)上的杂草进行清除，对拟种植牧草的地块做适当的整理、挖穴等。

（2）品种选择。选择耐旱耐瘠、生长迅速、不与果树争水争肥、没有与果树同样的病虫害、具有护坡固土能力、产量高、纤维素和木质素含量高的品种，如圆叶决明、羽叶决明、杂交狼尾草、象草等。

（3）种植。梯壁宜种植生长迅速且护坡固土能力强的牧草，果园畦面宜套种圆叶决明、羽叶决明等牧草。

①梯壁(含梯埂)。草篱是果园水土保持的关键，将筛选出的杂交狼尾草、象草等牧草与当地现有的优质牧草合理搭配，套种在果园的梯壁(含梯埂)上，以防止水土流失。

②畦面(距树干中心1米外)。可套种圆叶决明等，防止水土流失。圆叶决明可于3—4月播种，采用穴播，株行距30厘米×50厘米，每穴播4～6粒种子；也可撒播，每平方米播种量2～3克。

（4）管理。以上所筛选的用于果园套种的牧草均较耐瘠，适应性强，管理可粗放。套种的牧草在栽植或播种前可施适量复合肥，用有机肥作盖种肥，对梯壁上的禾本科牧草可根据长势施适量尿素。

（5）刈割。用作栽培食用菌的牧草在成熟期进行刈割，这时纤维素、木质素含量较高，有利于栽培食用菌。其他作绿肥的牧草按绿肥种植技术进行处理。

（6）食用菌栽培。福建省农业科学院1990年以来从澳大利亚、美国等引进杂交狼尾草、羽叶决明、平托花生等30余种优质牧草进行培育驯化，筛选出的主栽品种的产量与品质大幅提高。如羽叶决明的年生物量为300千克/亩，粗蛋白质、粗脂肪、粗纤维含量分别为15.9％、7.43％、32.9％，为食用菌的高产栽培提供了物质条件。利用这些牧草栽培的食用菌不仅获得好收成，而且对减少乃至消除食用菌生产对林木资源的消耗和破坏、保护生态环境、打造资源节约型农产品生产模式起到促进作用。牧草代料栽培食用菌技术可参考福建省农业科学院农业生态研究所、土壤肥料研究所发布的相关文章。例如，以30％草粉+30％沼渣替代木屑栽培毛木耳，生物学效率为107.5％，产量比对照高82.2％，粗蛋白、氨基酸、粗脂肪、可溶性糖含量分别比对照高3.70％、1.75％、0.13％、0.37％；以50％草粉或沼渣替代木屑，其毛木耳产量分别比对照高55.1％、61.0％。

3.牧草用于畜禽养殖的利用技术

（1）整地。于3月对原开垦好的果园畦面、梯壁（含田埂）上的杂草进行清除，对拟种植牧草的地块做适当的整理、挖穴等。

（2）品种选择。选择耐旱耐瘠、生长迅速、不与果树争水争肥、没有与果树同样的病虫害、具有护坡固土能力、产量高、饲用品质好的品种，如黑麦草、杂交狼尾草、象草、圆叶决明、羽叶决明等。

（3）种植。梯壁宜种植生长迅速且护坡固土能力强的牧草，果园畦面宜套种黑麦草、圆叶决明、羽叶决明等牧草。

①梯壁(含梯埂)。草篱是果园水土保持的关键，将筛选出的杂交狼尾草、象草等牧草与当地现有的优质牧草合理搭配，套种在果园的梯壁(含梯埂)上，以防止水土流失。

②畦面(距树干中心1米外)。可套种黑麦草、圆叶决明等，防止水土流失。圆叶决明可于3—4月播种，采用穴播，株行距30厘米×50厘米，每穴播4～6粒种子；也可撒播，每平方米播种量2～3克。

（4）管理。以上所筛选的用于果园套种的牧草均较耐瘠，适应性强，管理可粗放。套种的牧草在栽植或播种前可施适量复合肥，用有机肥作盖种肥，对梯壁上的禾本科牧草可根据长势施适量尿素。

（5）刈割。饲用的牧草在初花期进行刈割，这时纤维素、木质素含量低，蛋白质等营养丰富，有利于畜禽养殖。其他作绿肥的牧草按绿肥种植技术进行处理。

（6）畜禽养殖。生态果园中套种的牧草可以收割进行畜禽养殖。以果园套种牧草的产草量计算，10～15亩套种牧草量可满足1头奶牛饲草需求，每年可节约成本762元。牧草进行畜禽养殖时，豆科牧草在初花期进行刈割，禾本科牧草在拔节期进行刈割。收割后在田间晾干，打捆运出田外，贮藏喂畜。具体养殖技术可参考福建省农业科学院农业生态研究所和畜牧兽医研究所发布的相关文章。牧草用于畜禽养殖具有较高的经济效益，平托花生草粉替代

10%～30%精料喂兔，对日增重及饲料利用率没有显著影响；饲养45天，10%处理比对照增收0.67元，提高利润7.49%。与当地草种相比，平托花生+南非马唐鲜草喂兔料肉比提高80.5%，增加毛利183%，效益显著；不同比例福引圆叶决明草粉替代配合饲料养殖肉牛表明，10%比例日增重为1.40千克/头，与对照相当。

三、红壤山地生态果园效益分析

建设生态果园，可促进果园各种资源得到有效的开发、利用和保护，有利于增强果树抵御自然灾害的能力，减轻和防止果园生态灾难；建设生态果园，减少农药化肥施用量，降低环境污染，改善生态环境，维护自然生态平衡，保证果品生产安全，提升果品质量，实现无公害生产的标准化、集约化和规模化，促进果业生产的可持续发展；生态果园施肥以有机肥为主，生产的果品优质、营养充分，果实品质好，符合现代消费者的需求；生态果园减少用工及化肥农药施用量，从而可节省一定的成本支出，有利于提高劳动生产率和果园投入产出比；发展生态果园可有效保护自然资源和生态环境，保持果树产业的生态持续性和稳定性，维护子孙后代的利益，具有良好的社会效益。

（一）红壤山地生态果园经济效益

生态果园与一般果园相比，具有较高的经济效益。主要体现在：提高水果产量及品质带来的效益，果园套种的牧草用于畜禽养殖带来的经济效益，果园套种的牧草用来栽培珍稀食用菌带来的经济效益。

1.果实品质提高的效益

生态果园可促进果树生长，从而提高果实产量和品质的经济效益。研究表明，生态果园能够促进龙眼树的生长，干周和冠幅的增长率由清耕（对照）的88.5%和648.5%增加到120.2%～145.6%和790.8%～896.7%。套种印度豇豆的脐橙亩产第一年758.5千克，第二年1 220千克，第三年达1 465千克；脐橙糖度提高，酸度降低，比清耕果园的果实含糖量高1.16%～1.03%，含酸量少0.28%～0.61%；而且果实成熟早，色泽好。套种印度豇豆的枇杷品质也明显优于清耕的果园。枇杷、脐橙生态果园果实品质分析见表26、表27。

表26　生态果园与普通果园的果实品质（枇杷）

项目	平均单果重(克)	含酸量(%)	可溶性固形物含量(%)	总含糖量(%)	还原糖含量(%)
对照	28	0.94	8.2	7.12	4.39
生态果园(2年)	34	0.66	9.7	7.91	5.40
生态果园(4年)	44	0.49	9.4	8.39	5.57

表27　生态果园与普通果园的果实品质（脐橙）

项目	平均单果重(克)	单株产量(千克)	含酸量(%)	可溶性固形物含量(%)	维生素C含量(毫克/升)
对照	142	18.0	4.8	11.7	416.9

（续）

项目	平均单果重(克)	单株产量(千克)	含酸量(%)	可溶性固形物含量(%)	维生素C含量(毫克/升)
生态果园(3年)	163	24.7	2.9	11.9	496.2

2.畜禽养殖的效益

生态果园套种牧草，年产鲜草3～4吨/亩，高的可达6吨以上。以鲜草喂养畜禽，1亩可养1牛，每15亩可养40头猪或40头羊、150只兔、400只鹅，至少可产生5 000～6 000元的经济效益；加上牧草可培肥地力，减少除草、施肥等成本，效益明显。研究结果表明，鹅对黑麦草的鲜草粗蛋白质消化率达76%、粗纤维消化率达45%～50%，比养鸭节粮50%，获利为养猪的2～5倍。人工栽培的禾本科牧草每千克干物质约含氮19克、磷3.3克和钾24.3克，豆科牧草每千克含氮32克、磷2.5克和钾28.4克，可固氮3.6千克/亩。以牧草喂兔研究结果为例，在基础日粮基础上，每日每只兔喂不同牧草(分3组处理：平托花生250克+南非马唐250克；杂交狼尾草500克；对照，即当地野生杂草500克)，试验结果表明：平托花生+南非马唐处理平均日增重52.0%，杂交狼尾草为34.0%，而野生杂草为25.0%；3组的平均料肉比分别为2.30∶1、3.26∶1、4.15∶1。另外，与野生杂草(对照)比较，平托花生+南非马唐处理的每只兔提高效益(毛利)83%，杂交狼尾草提高14.55%，效益显著。

3.栽培食用菌的效益

以牧草代料栽培食用菌，一是替代木屑，二是替代麸皮，牧草栽培食用菌可以促进增产、提高食用菌品质，具有较好的经济效益。不同配方及栽培不同食用菌的经济效益不同，研究结果表明：与稻草料相比，圆叶决明草粉+沼渣培养料栽培榆黄蘑产量提高44.9%，生物学效率提高23.9%；与稻草和棉籽壳培养料相比，以圆叶决明为原料栽培的榆黄蘑氨基酸总量最高，且人体必需氨基酸、鲜味氨基酸、甜味氨基酸和支链氨基酸比稻草和棉籽壳料高。等量羽叶决明与稻草栽培黄金菇表明，羽叶决明可提高菌丝生长速度、减少走透天数和扭结天数，提高产量57.5%、生物学效率11%。研究与推广实践表明：不同牧草合理配比可以栽培3～5种珍稀食用菌，增收节支达20%～30%。

(二)红壤山地生态果园生态效益

1.水土保持作用

在山地生态果园套种牧草具有明显的水土保持效果。牧草不仅根量大、分布广，而且生物量大、覆盖率高，因此固土能力较强，可有效消除因降雨而出现的"土壤迸溅"现象，减缓径流流速，有效防止水土流失。直立型禾本科牧草南非马唐具有分蘖力强、易形成草篱的特点,将其种于梯埂边,并利用匍匐型禾本科牧草百喜草节节生根的特点,将其撒播于梯埂上,可有效防止水土流失,防治效果达57%~76%。

研究不同垦种方式的水土保持作用结果表明,经过4年侵蚀,对照区前埂被冲掉25.4厘米,而套种区仅下降4.6厘米;后沟深度也有相似的变化。

2.培肥地力作用

研究表明,果园种植豆科牧草4年后,可提高土壤有机质含量,改善土壤腐殖质品质,降低土壤酸度,提高土壤全氮、碱解氮和速效钾含量及土层含水量,增加土壤微生物群落,特别是细菌和固氮菌,改善土壤理化性状。

生态果园套种圆叶决明结果表明,圆叶决明有较好的改良土壤作用。种植圆叶决明可全面提高土壤肥力,土壤各项理化性状均得到较大的改善,尤其是有效磷含量增加291%,增幅极显著。另外,生态果园中的沼渣、菌渣也有很好的培肥作用。试验表明,连续3年施用沼渣、菌渣和鲜草(0.33吨/亩),土壤中腐殖酸含量分别高于对照2.9%、26.5%和16.5%;团粒结构含量则依次比对照提高78.5%、79.9%和69.3%;阳离子交换量均高于对照;对于土壤碱解氮、有效磷、速效钾含量而言,连续3年施用沼渣、菌渣和鲜草处理均高于对照。施用有机肥(0.33吨/亩)后,其改土效果以菌渣最好,腐殖酸含量达

0.4148%，比施沼渣、鲜草的处理分别高2.93%、8.56%。

3.调节土壤温度

夏季土层温度与地表最高、最低温度观测结果表明，果园套种圆叶决明后，在高温季节能有效降低各土层温度与地表最高温度，减小土温变幅(图12)。高温季节，套种圆叶决明后，0厘米、5厘米、10厘米、15厘米、20厘米土层温度比对照分别低15.1%、22.0%、12.7%、13.5%、13.6%，地表最高温度较对照平均低7.77℃，起到防止热害的作用。

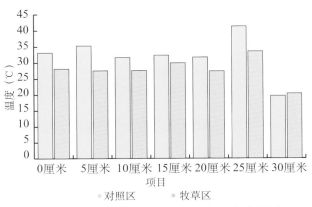

图12　果园套种圆叶决明对土壤温度的影响

4.调节土壤含水量

各土层土壤含水量测定结果表明，果园套种圆叶决明对各土层土壤含水量具有不同的影响效果(图13)。套种圆叶决明后土壤含水量有所改善，尤

其是40～60厘米土层，土壤含水量分别比对照提高
3.70％（40～50厘米）与8.48％（50～60厘米）。
圆叶决明根系主要分布在0～30厘米土层，而一般
果树根系主要分布在30～60厘米土层。因此，果园
套种圆叶决明对果树不仅不存在争水的问题，还能局
部改善土壤旱情。

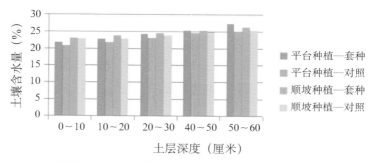

图13　不同垦种方式对果园土壤含水量的影响

（三）红壤山地生态果园社会效益

发展生态果园，减少化肥农药施用量，不仅关系
到21世纪区域生态环境安全和农业可持续发展，而
且直接关系到食品质量与安全。发展生态果园有利于
保证果品生产安全、节约农药化肥资源、减少环境污
染、维护自然生态平衡、提高果实质量、增加农民收
入。我国不少地区，特别是山区、边远欠发达地区，
农民的收入很低，有的甚至尚未摆脱贫穷；但这些地
区的生态环境条件优越，劳动力资源丰富，果园经营

管理上极少施用或不施用化肥和农药。因此，在这些地区只要进行科学的指导和管理，建设生态果园相对容易。通过发展生态果园可将这些地区的资源优势转变为市场优势，促进当地脱贫致富。

发展生态果园的主要社会效益如下。

1.增加收入

发展生态农业，实现可持续发展，是我国农业未来的主要发展方向。因此，合理开发山地资源，实现红壤山地保护性开发，发展草畜业是福建未来农业的重要道路。以在福建1%山地推广生态果园为例，每公顷增收按1 500元计算，仅此一项可增收1 500万元，其经济效益十分显著。生态果园的推广应用，可充分利用山地资源，增加就业机会，为山区农民增产增收与农村奔小康做出贡献，给农村社会经济持续发展提供了一种新型有效的生产模式。

2.增加就业机会

生态果园周边地区有大量的农村剩余劳动力，大规模生态果园建成扩展后，可直接带动周边农户，增加就业人数；并可拉动当地包装、运输、服务、旅游等相关行业的发展，为周边地区农民创造大量的就业机会，解决了农村剩余劳动力的就业问题。同时，通过农业产业化经营，间接产生更多的就业机会，从而带动周边地区农业劳动力的就业。随着生态果园的继续拓展，辐射区域将进一步扩大至周边县区。

3.提供优质农产品

生态果园生产的无公害水果，经有关部门测定具有糖度高、维生素含量高等特点，有助于推出自主品牌；同时，出栏的猪膘肥体壮，猪肉鲜美、安全，已成为食品站的定点生产点。无公害水果和生态猪，确保了食品质量安全，保障了消费者身心健康。

另外，生态果园生产模式的建立与推广，使人、畜肥入池，实行厨房、厕所、沼气池、猪圈"四位一体"，既清洁卫生，又整齐有序，改善了人居环境，有利于社会主义新农村的统一规划、合理布局和集中居住。